PLASTIKFREI IM ALLTAG

Nachhaltig leben ohne Plastik: Umwelt schützen, gesund leben und ökologischen Fußabdruck verkleinern

+ Mehr Nachhaltigkeit und Klimaschutz durch Zero Waste

1. Auflage

Inhaltsverzeichnis

Vorwort

Plastik ist heute überall. Die moderne menschliche Zivilisation wäre in ihrer gegenwärtigen Gestalt ohne Plastik nicht denkbar. Bis in die kleinsten Bereiche des Alltags hinein haben wir jeden Tag mit Plastik zu tun – Zahnbürste, Einkaufstüte, Getränkeflasche, Verpackungen aller Art werden von uns mit großer Selbstverständlichkeit benutzt, aber nicht hinterfragt.

Viele Plastik-Produkte werden dabei von Anfang an als Wegwerfartikel konzipiert. Weil Plastik so günstig zu produzieren ist, können Unmengen Einmalartikel auf den Markt gebracht werden, die nach der ersten und einzigen Nutzung entsorgt werden. Genau genommen bedeutet das: Plastik wird als Müll hergestellt! Die seriöse Nachrichtenseite ZEIT ONLINE nennt beunruhigende Zahlen:

Neben anderem Müll leitet die Menschheit rund acht Millionen Tonnen Plastik in die

Weltmeere – und das pro Jahr! Das ist ungefähr so, als würde in jeder Minute ein ganzer Müllwagen vorfahren. Vorsichtige Schätzungen gehen von etwa 150 Millionen Tonnen Plastik aus, die inzwischen die Ozeane zumüllen. Für die Tiere im Meer stellt das eine große Belastung dar.

Dabei ist Belastung eigentlich eine Untertreibung und wird dem wahren Sachverhalt nicht gerecht: Die Unmengen an Plastik, die in die Ozeane geleitet werden, zerstören diesen Lebensraum immer mehr. Das hat Folgen, tödliche Folgen: Zehntausende Tiere sterben jedes Jahr an Plastikvergiftung; die Dunkelziffer ist hoch, weil die Todesursache oft nicht mit Sicherheit festgestellt werden kann.

Aber es sind keineswegs nur die Meerestiere, die unter dem gewaltigen Plastikaufkommen massiv zu leiden haben. Es trifft auch uns Menschen: Die Umweltschutzorganisation WWF weist darauf hin, dass jeder Mensch bis zu fünf Gramm Plastik konsumiert – mit anderen Worten: Sie essen jede Woche eine ganze

Kreditkarte. Das schadet vielleicht nicht Ihrer Bonität, aber Ihrer Gesundheit.

Ja, Plastik ist heute wirklich überall – auch da, wo wir es eigentlich gar nicht erwarten und wo wir es auf den ersten Blick nicht sehen können. Es ist ein langsam wirkendes, aber tödliches Gift, das unseren Lebensraum und unseren Organismus zersetzt. Plastik mag vermeintlich leicht sein, aber es ist ein tonnenschweres Gewicht, das am Zeiger der Lebensuhr hängt und ihn nach unten zieht.

Die gute Nachricht lautet: Das Spiel ist noch nicht aus! Es steht auf des Messers Scheide und Eile ist geboten, aber Gegenmaßnahmen sind möglich – wenn sie schnell und vor allem konsequent in die Tat umgesetzt werden. Einige davon lernen wir in diesem Buch kennen. Legen wir also gemeinsam los und entdecken wir ein neues Leben – plastikfrei! Denn plastikfrei leben heißt Leben retten.

Die Geschichte des Mülls und der Beginn der Umweltverschmutzung

Was ist eigentlich Müll?

Müll ist nur ein Wort. Ein Wort, das wir täglich benutzen, ohne uns über seine Bedeutung tiefere Gedanken zu machen. Müll fällt an, Müll kann weg, er kommt in die Tonne und beschäftigt uns nicht weiter. Dabei gibt sich gerade Deutschland eine Menge Mühe mit dem Müll, gilt allgemein als Mutterland der Mülltrennung, belegt in Statistiken zur Mülltrennung einen Spitzenplatz.

Grüner Punkt, Gelbe Tonne, Recycling – das alles sind griffige Schlagworte, die vor allem einer Sache dienen: dem guten Gewissen. Dieses bekommt bei näherer Betrachtung allerdings große und kaum zu übersehende Risse. Denn hinter dem wabernden Schleier der gefälligen

Marketing-Vokabeln lauert eine hässliche, schockierende Wahrheit:

Der selbsternannte Recycling-Weltmeister Deutschland ist bei Licht besehen vor allem Müll-Weltmeister. Im SPIEGEL weist die Deutsche Gesellschaft für Abfallwirtschaft (DGAW) ausdrücklich darauf hin, dass in die Recycling-Statistiken einfach der gesamte Müll miteinbezogen wird, der zu den Recycling-Höfen transportiert wird – unabhängig von der tatsächlichen Recycling-Quote.

Die liegt nämlich weit niedriger, als die offiziellen Statistiken es ausweisen. Die meisten Müllsorten können nicht einmal zur Hälfte recycelt werden, noch schlechter sind die Quoten bei Plastikmüll – hier liegen sie mitunter nur bei 20 Prozent. Und das ist ein Problem, denn Deutschland verursacht eine Menge Müll, pro Kopf mehr als die meisten anderen EU-Länder.

Großen Anteil am schwindelerregenden Anstieg der Müllmengen hat die Industrialisierung, also der vermeintliche

Fortschritt. Die Weiterentwicklung der technischen Möglichkeiten bis hin zur Massenproduktion brachte zwar einerseits einen steigenden Lebensstandard für viele Menschen, andererseits aber auch einen explodierenden Anstieg an Müll.

Müll ist etwas, das nicht mehr gebraucht wird, für das es keinen sinnvollen Platz mehr gibt. Aber genau darin liegt die Schwierigkeit im richtigen Umgang mit Müll: Er verschwindet nicht, nur weil er als Müll etikettiert wird. Er benötigt nach wie vor Platz – Platz, der eigentlich nicht mehr zur Verfügung steht, Platz, der mit dem Lebensraum von Mensch und Tier konkurriert.

Mit zunehmender Industrialisierung kamen immer mehr Müllsorten hinzu, die sich in ihrer Beschaffenheit teils deutlich voneinander unterscheiden. Neben dem Plastikmüll gibt es noch Elektromüll, Textilmüll, Papiermüll, Biomüll und so weiter. Jeder Müll verlangt seinen eigenen Platz und seine eigene Behandlung.

Erschwerend kommt hinzu, dass eine Müllvermeidung oft nicht gewünscht ist: Die florierende Wirtschaft basiert zu einem guten Teil auf dem Prinzip der Wegwerfgesellschaft. Das heißt, Dinge müssen als Müll deklariert werden, damit eine Neuanschaffung gerechtfertigt ist. So wird manches künstlich zu Müll gemacht, das eigentlich noch gut zu gebrauchen wäre – zum Beispiel Plastik.

Was ist Plastik?

Plastik ist Kunststoff. Kunst kommt von künstlich, das bedeutet: etwas gewollt Geschaffenes, nichts natürlich Gewachsenes. In der Natur kommt Plastik nicht vor, deshalb tut sich die Natur auch mit Plastik sehr schwer. Natürliche Materialien wie Holz, Wolle und Papier verrotten mit der Zeit; die Natur holt sie sich zurück, bis keine Spuren mehr davon übrig bleiben. Natürliches Recycling also.

Bei Plastik funktioniert dieser natürliche Kreislauf nicht. Die Natur kann Plastik nicht zersetzen und verarbeiten, um etwas Neues hervorzubringen. Plastik kann nicht in den Kreislauf zurückgebracht werden, weil es nie Teil des Kreislaufes war – und auch nie sein sollte. Plastik wurde erfunden, um dem Kreislauf zu trotzen. Plastik sollte robust und widerstandsfähig sein – ein Dauerbrenner.

Dieses Ziel wurde erreicht – fatalerweise: Plastik ist ein Dauerbrenner. Ein Dauerbrenner, der einen Ofen anheizt, in dem die ganze Welt, einschließlich der Menschen und Tiere, verbrennen kann. Es ist das alte Problem der Menschheit: Der vermeintliche Triumph über die natürliche Ordnung zeigt plötzlich eine unerwartete und ungewollte Verkehrung ins Gegenteil.

Dabei hat sich alles so gut angelassen: Schon lange versuchte der Mensch, durch das Schaffen von künstlichen Stoffen von den natürlichen Kreisläufen unabhängiger zu werden. Aber erst im späten 19. Jahrhundert gelang den Forschern ein Durchbruch. Der Engländer Alexander Parkes entdeckte den ersten thermoplastischen Kunststoff, dem viele weitere Entwicklungen folgten.

Wenn wir eingangs darauf hingewiesen haben, dass die Natur Plastik nicht zersetzen kann, dann stimmt das in der Praxis nicht ganz. Tatsächlich kann die Natur auf lange Sicht auch Kunststoffe zur Zersetzung bringen, aber die Fristen dafür haben es in sich: Sie umspannen mehrere Jahrhunderte! Eine einzige Angelschnur aus Plastik kann 600 Jahre überleben, eine Windel immerhin 450 Jahre.

Angesichts der erschreckend hohen Produktionsraten von Plastik sind diese Fristen gleichzusetzen mit einer Unmöglichkeit. Die Menge an Plastik ist schlicht so erdrückend groß, dass die Natur von ihr zerdrückt und erstickt wird, ehe eine reelle Chance auf einen natürlichen Zersetzungsprozess besteht. Es gibt also Handlungsbedarf, es muss sich etwas ändern, und zwar schnell!

Warum verwenden wir so viel Plastik?

Plastik ist praktisch, Plastik ist billig. Mit seiner Erfindung kündigte sich ein neues Zeitalter an, ein Zeitalter, in dem plötzlich alles möglich schien. Mit Plastik konnte nahezu alles produziert werden – nicht nur in rauen Mengen, sondern auch unfassbar kostengünstig. Produkte, die zunächst nur einem kleinen, elitären Kreis vorbehalten blieben, wurden plötzlich massentauglich.

Für die Industrie bedeutete Plastik vor allem eines: eine immense Kostenersparnis. Denn Plastik kann nahezu alles, ist universell einsetzbar und das zum kleinen Preis. Je nach Rezeptur wird es hart oder weich, stoßfest oder elastisch, durchscheinend oder blickdicht. Es kann praktisch alle erdenklichen Formen und Farben einnehmen, ist ein frei gestaltbarer Wunderstoff.

Für den Verbraucher präsentiert sich Plastik auf den ersten Blick ähnlich rosig: Plastik ist robust, geht nicht schnell kaputt und kann auch in ungestümen Kinderhänden wenig Schaden anrichten. In der Küche kann eine Plastikschüssel auch einmal auf den Boden fallen, ohne dabei zu Bruch zu gehen. Plastik wiegt außerdem nicht viel und lässt sich deshalb bequem transportieren.

Teilweise ist Plastik auch beinahe unverzichtbar und findet durchaus eine sinnvolle Anwendung, zum Beispiel in der Medizin. Gerade hier ist seine Eignung zum Einmal-Produkt lebenswichtig, denn aus hygienischen Gründen dürfen viele

Instrumente wie Spritzen oder Blutbeutel nur einmal für jeden Patienten benutzt werden. Hier ist Plastik am Platz und durchaus sinnvoll.

Wo landet das Plastik, wenn wir es wegwerfen?

Plastik ist Müll – und das von Anfang an. Plastik besetzt einen geborgten Platz, der eigentlich schon anderweitig vergeben ist. Selbst bei einer sinnvollen und alternativlosen Nutzung von Plastik, wie sie in der Medizin üblich ist, entsteht letzten Endes Müll. Die Produktion von Plastik ist nichts anderes als die Produktion von Müll – mit mehr oder weniger vielen Zwischenschritten.

Für die meisten Verbraucher ist es ganz selbstverständlich, Plastik in den Müll zu werfen – jeden Tag, in Form von Verpackungen wie Schrumpffolien, Boxen, Flaschen und mehr. Auch nicht mehr benötigte Plastik-Produkte wie Teller, Besteck oder Spielzeuge wandern ohne Umwege in die Tonne. Gerne tröstet man sich gerade in Deutschland mit der Möglichkeit des Recyclings.

Doch wir haben bereits gesehen, dass aller peniblen Müllsortierung zum Trotz das Recycling von Plastik nur sehr eingeschränkt möglich ist. Warum ist das so? Weil Plastik ein wilder Material-Cocktail ist, in dem eine ganze Menge unterschiedliche Stoffe stecken, der eine Wiederverwertung erschwert. Oft ist eine Trennung der enthaltenen Materialien einfach nicht mehr möglich.

Dann braucht das Plastik aber erst recht Platz – ohne dabei noch Nutzen zu bringen. Mitunter wird der anfallende Plastikmüll dann auf der ganzen Welt herumgeschoben, oft noch als Handelsgut. Die Länder handeln untereinander mit Müll, so wird Plastikmüll aus Deutschland oft ins Ausland verkauft, wo dann aus dem alten Plastik neue Kunststoffe hergestellt werden.

Gemessen an der weltweiten Plastik- und Müllproduktion ist der Recycling-Anteil daran viel zu gering. Nur ein Bruchteil der produzierten und weggeworfenen Plastikmenge kann noch sinnvoll weiterverarbeitet werden. In den ärmeren

Ländern wird das Plastik als Teil großer Müllberge öffentlich verbrannt – die Folgen für die Gesundheit sind verheerend.

Viele Länder sind mit der Flut an Müll auch so sehr überfordert, dass sie diese einfach in eine andere Flut leiten – in die scheinbar unerschöpflichen und unermesslich tiefen Weltmeere. Doch dort verschwindet das Plastik nicht, es versinkt bloß – und manchmal nicht einmal das, wie die im Ozean treibenden Müllinseln auf traurige und erschreckende Weise beweisen.

Als Verbraucher müssen wir uns klarmachen, dass das Plastik nicht verschwindet, wenn wir es in die Mülltonne werfen. Es gelangt nur an einen anderen Platz – und oft genug kehrt es unbemerkt zu uns zurück, als Partikel in der Luft, in Form von Tieren, die es mit ihrer Nahrung aufgenommen haben oder indirekt in Gestalt klimatischer Veränderungen.

Was würde passieren, wenn wir einfach nichts ändern würden?

Die Menschen werden mehr – und damit auch ihre Bedürfnisse. Es ist hier nicht der Platz, auf die Probleme der Überbevölkerung einzugehen, wir wollen uns ohne ideologische Befangenheit an die nackten Tatsachen halten: Mehr Menschen benötigen mehr Güter – und damit mehr Plastik. Dabei ist auch die Armut in vielen Ländern ein schwieriger Faktor.

Die Zahlen sind alarmierend: Weltweit werden einer Weltbank-Studie zufolge rund zwei Milliarden Müll produziert, die Tendenz ist unaufhörlich steigend – bis zum Jahr 2050 soll sich die anfallende Müllmenge um 70 Prozent erhöht haben. Wenn dem nicht entgegengewirkt wird, lässt sich leicht ausmalen, wie die Welt dann aussieht: wie eine einzige große Mülldeponie.

Einen besonders großen Anteil daran haben die hochentwickelten Wohlstandsländer: Zwar leben hier nur 16 Prozent der Weltbevölkerung, diese verursachen aber ein Drittel des Gesamtmülls. Es lässt sich leicht ausrechnen, wie das zunehmende Wachstum in den Entwicklungsländern auch hier zu einer Steigerung der Müllproduktion beiträgt.

Nicht nur die Weltbank geht hier von einem höchst ernst zu nehmenden Problem aus, das sich über die nächsten Jahrhunderte erstreckt und das sich auf keinen Fall von selbst lösen wird. Auch der vieldiskutierte Klimawandel ist von der Müllkrise betroffen: Rund fünf Prozent der globalen Treibhaus-Emissionen werden derzeit schon allein durch die Müllentsorgung verursacht.

Wäre die schiere Menge an entstehendem Plastikmüll nicht schon ausreichend, um eine ernste Gefahr für den Planeten darzustellen, kommt noch erschwerend hinzu, dass diese Müllmasse oft nicht richtig behandelt wird. Gerade die Entwicklungsländer verfügen über kein vernünftiges Müllmanagement, sodass die ohnehin fatale Situation noch weiter verschärft wird.

Es wäre aber grundfalsch, wenn die Industrienationen als Hauptverantwortliche der weltweiten Müllerzeugung mit dem Finger auf Afrika zeigen wollten – denn auch dort haben viele Menschen verstanden, wie ernst die Lage der Welt ist. Mit Kenia wagte ausgerechnet ein afrikanisches Land einen radikalen Schritt und erließ ein umfassendes Verbot von Plastiktüten.

Plastik: Die fatalen Auswirkungen

Die Auswirkungen auf die Umwelt

Wir haben bereits gesehen, dass Plastik in der Natur nicht vorkommt und die Umwelt daher vor besondere Herausforderungen stellt. Plastik ist eine Anomalie, die Spuren hinterlässt. Unsere Erde, unser Lebensraum wird auf vielfältige Weise durch das steigende Überhandnehmen von Plastik beeinflusst. Diese Beeinflussung zeigt vielfältige Auswirkungen auf allen Ebenen.

Die Weltmeere vermüllen

Die Bilder von im Meer schwimmenden Plastikbergen gehen in schöner Regelmäßigkeit um die Welt – aber hinter dem spektakulären Anblick steht eine traurige Wahrheit: Plastik ist überall, auch im Meer. Weite Teile der Tiefsee sind von der Forschung noch immer nicht erschlossen, aber eines wissen die Wissenschaftler genau: Selbst in eisiger, schwarzer Tiefe findet sich Plastik.

Tatsächlich sind die publikumswirksam an der Oberfläche treibenden Plastikberge nur ein winzig kleiner Teil der tatsächlichen Müllmenge im Meer. Das United Nations Environment Programme (UNEP) schätzt, dass bis zu 99 Prozent des Plastikmülls unter der Meeresoberfläche verborgen bleibt – unsichtbar für den Menschen, aber lebensgefährlich für zahllose Meeresbewohner.

Tiere können am Plastik ersticken – oder verhungern. So paradox das klingt, entspricht es aber den Tatsachen: Ein Wal, dessen Bauch mit Plastik gefüllt ist, verspürt ein Sättigungsgefühl und nimmt keine weitere Nahrung zu sich, obwohl er diese eigentlich bräuchte. So verhungert das Tier mit vollem Bauch – eine Perversion der Natur, zu der nur der Mensch fähig ist.

Es ist kaum zu erfassen, wie viele Tiere letzten Endes wirklich an der

Plastikverschmutzung der Weltmeere zugrunde gehen. Die Dunkelziffer ist hoch, viele Kadaver werden nicht gefunden, sondern verschwinden in der Tiefe, enden an einsamen Stränden oder werden als Aas gefressen. Auch ist nicht immer klar ersichtlich, dass Tiere an Plastik verendet sind.

Nicht immer wird das Plastik mit Nahrung verwechselt und entfaltet durch Verschlucken seine tödliche Wirkung. Manchmal ist es einfach so, dass die Fische, Wasserschildkröten oder Vögel sich darin verheddern und ihre Bewegungsfreiheit einbüßen. Für die Tiere hat das fatale Folgen: Sie können sich nicht selbst befreien und müssen oft qualvoll verenden.

Der WWF geht davon aus, dass drei Viertel des Mülls in den Meeren aus Plastik besteht. Zwar gibt es in nahezu allen Ländern Gesetze gegen die Entsorgung von Plastik im Meer, diese werden aber häufig nicht eingehalten. Vor allem China als weltgrößter Plastikproduzent, Indonesien und die Philippinen sind bekannt dafür, dass sie seit vielen Jahren ihren Plastikmüll illegal ins Meer leiten.

Ein großes Problem sind die sogenannten Geisternetze: Fischernetze aus Plastik, auf Haltbarkeit ausgelegt, um den Fischern die Arbeit zu erleichtern, treiben im Meer und werden zur tödlichen Falle. Sie sind vielleicht verlorengegangen oder wurden gar absichtlich weggeworfen und kosten nun viele Fische das Leben. Selbst Haie haben sich schon in solchen Netzgebilden verfangen!

Geisternetze machen Schätzungen von Experten zufolge rund 10 Prozent des gesamten Mülls in den Weltmeeren aus. Jährlich fallen ihnen tausende Tiere zum Opfer. Ein ähnlich großes Problem sind Müllteppiche, die auch aus einst unberührten Tauchgebieten schwimmende Müllhalden machen. Ehedem paradiesische Strände werden durch angeschwemmten Plastikmüll bedeckt.

Der alarmierende und desolate Zustand der Meere hat inzwischen ambitionierte

Bemühungen hervorgebracht, diesem Missstand abzuhelfen. Diese liegen zumeist in privater Hand, denn die verschiedenen Staaten fühlen sich in dieser Sache nicht zuständig. Ambitionierte Projekte wie The Ocean Cleanup sammeln das Meeresplastik mit der Absicht, es aufwendig zu recyceln.

Wälder und Flüsse ersticken

Das Plastikproblem in den Weltmeeren hat sich inzwischen weitgehend herumgesprochen, aber vielen Menschen ist nicht bewusst, dass auch ihre nächste Umwelt von der Plastikplage betroffen ist. Manch einer sieht eine bunte Plastiktüte im Wind wehen und denkt sich nichts dabei, auch ein Bonbon-Einwickelpapier wird leichtherzig auf den Boden geworfen.

Auch Wälder und Flüsse sind zunehmend mit Plastik belastet, und für die Tiere dort ergeben sich ähnlich furchtbare Konsequenzen wie für die Fauna des Meeres. Plastikteile werden mit Nahrung verwechselt oder behindern die Bewegungsfreiheit – die Ergebnisse sind ähnlich verheerend wie es bei den zugemüllten Weltmeeren der Fall ist.

Immer wieder werden halbverweste Vogelkadaver gefunden, in deren zerfallenden Körpern Feuerzeuge, Pillendöschen und andere kleine Plastikteilchen zum Vorschein kommen. Die Tiere verstehen nicht rechtzeitig, dass das Plastik kein Futter ist, verschlucken es und gehen zugrunde. Ihre Körper verwesen, aber das Plastik bleibt zurück – und wird von einem anderen Tier gefressen.

Auch in der Luft umherfliegende Papiertüten werden schnell zu tödlichen Fallen für Vögel und anderes Getier. Was in den Augen der Menschen nur ein kleines Stückchen Müll ist, beinahe alltäglich und gewohnt, kann für Tiere eine Katastrophe bedeuten. Das gilt auch für die beliebten Luftballons, die als Plastikfetzen von Vögeln und anderen Kleintieren aufgenommen werden.

Viele Plastikteile besitzen auch scharfe Ecken oder Kanten, an denen sich die Tiere verletzen können. Kranke Tiere sind aber wiederum eine Gefahr für ihre Umwelt. Schon ein einfacher Plastikbecher hat das Potenzial zur Todesfalle für Kleintiere wie Igel, Eichhörnchen oder Maus. Wer achtlos einen Becher fallen lässt, kann damit eine unheilvolle Ereigniskette in Gang setzen.

Plastik in Flüssen kann eine doppelt gefahrvolle Wirkung entfalten: Nicht nur schädigt es den Lebensraum der Flusstiere, es gelangt über den Flusslauf auch ins Meer – so wird Plastik in Flüssen zu einer doppelten Belastung für das sensible Ökosystem. Das sollte auch dann bedacht werden, wenn aus Plastikbechern zur Freude der Kinder kleine Boote werden, die dann davontreiben.

Plastik hat zudem die Eigenschaft, Schad- und Giftstoffe wie ein Schwamm anzuziehen. Wird das Plastik von Tieren als Nahrung aufgenommen, scheiden sie diese Schadstoffe wieder aus und verbreiten sie. So werden zum Beispiel krebserregende Gifte in der Umwelt verteilt und können auch den Menschen erreichen, wenn er sich in dieser bewegt.

Die Wissenschaft geht davon aus, dass die Menschheit bisher über 8 Milliarden Tonnen Plastik reduziert hat. Recycelt wird davon nur ein verschwindend geringer Teil, nämlich 20 Prozent. Die restlichen 80 Prozent landen auf Müllhalden – oder in den Weltmeeren. Wenn man bedenkt, dass die Menschen das Plastik erst seit etwa 100 Jahren kennen, sind das erschreckende Werte.

Boden und Grundwasser verschmutzen

Die Verschmutzung durch Plastik ist ein weit tiefergehendes Problem, als den meisten Menschen bewusst ist. Denn auch von jenen Plastikteilchen, die kein Tier verschluckt, geht eine große Gefahr aus. Plastik gelangt in den Boden, verschmutzt und verdirbt ihn. Das kann Auswirkungen auf die Qualität der Flora haben, das Gedeihen der lebenswichtigen Ernten ist gefährdet.

Über den Boden kann das Plastik bis in die wertvollen und unersetzlichen Grundwasservorräte gelangen. Das bedeutet eine menschengemachte Verseuchung des Trinkwassers durch achtlos entsorgten Plastikmüll! Denn das Grundwasser wird aufwendig nach oben gepumpt und in die Haushalte verteilt – auf diese Weise kehrt das Plastik zu seinen Schöpfern zurück.

Zwar ist der nachgewiesene Anteil von Plastik im Trinkwasser nach derzeitigem Kenntnisstand gesundheitlich unbedenklich. Er spiegelt nur wider, was inzwischen leider traurige Tatsache ist: Kein Teil unserer Erde ist heute noch wirklich plastikfrei – Plastik ist überall. Das ist aber nun kein Grund zur Entwarnung, im Gegenteil: Diese Normalität darf uns durchaus beunruhigen.

Denn auch wenn der Status Quo in Bezug auf die Grund- bzw. Trinkwasserverschmutzung noch keinen Grund zur Panik geben muss, so ist die Entwicklung doch keineswegs abgeschlossen, und die Tendenz geht hin zu mehr Plastik in der Umwelt, nicht zu weniger. Deshalb gilt es, dem Trend entgegenzuwirken und nicht, sich auf der gegenwärtigen Situation auszuruhen.

Die Klimaerwärmung nimmt zu

Plastik ist in rauen Mengen in Umlauf. Plastikbeutel werden milliardenfach genutzt, aber kaum recycelt. Selbst wenn ein Plastikbeutel nach rund tausend Jahren auf natürliche Weise zersetzt würde, blieben seine Inhaltsstoffe nach wie vor toxisch und gerieten in die Umwelt. Und die Menschheit hat keine tausend Jahre, um eine solche Zersetzung abzuwarten.

Weil Plastik Jahrhunderte braucht, um sich auf natürliche Weise zu zersetzen, kommt der Mensch um entsprechende Maßnahmen zur Müllbehandlung nicht herum. Die Entsorgung von Plastik ist außerordentlich aufwendig, ein Recycling gelingt nur für einen Bruchteil des anfallenden Mülls aus Plastik. Hinzu kommt, dass viele Länder es mit der richtigen Entsorgung nicht so genau nehmen.

Aber selbst wenn Plastik fachgerecht entsorgt wird und unter Berücksichtigung der geltenden Regeln und Gesetze auf die Mülldeponie gelangt, ist die Umwelt davon negativ betroffen. Denn bei der Behandlung von Plastik wird viel Energie benötigt. Diese Energie trägt aber wiederum dazu bei, dass sich die Erde erwärmt – und so wird der gefährliche Klimawandel vorangetrieben!

Plastik ist also selbst dann eine Gefahr für die Umwelt, wenn verantwortungsbewusst damit umgegangen wird und entsprechende Verfahren zum Einsatz kommen. Deshalb führt kein Weg daran vorbei, den Einsatz von Plastik zu reduzieren. Denn es ist keineswegs nur die Umwelt von den Gefahren durch Plastik betroffen, auch der in ihr lebende Mensch ist stark gefährdet.

Die Auswirkungen auf den Menschen

Die meisten verantwortungsbewussten Menschen können erfassen, dass die Auswirkungen von Plastik auf die Umwelt etwas Schlechtes sind. Wir bedauern die armen Tiere, die ersticken, weil sie Plastik verschluckt haben. Wir sind oft durchaus gewillt, der Umwelt zu helfen, sie zu schützen. Uns ist aber gar nicht klar, dass wir selbst auch betroffen sind – und uns auch selbst schützen müssten.

Wir essen und atmen Plastik

Wir neigen dazu, Plastik nur bewusst wahrzunehmen, wenn wir es sehen. Natürlich leuchtet auf Anhieb ein, dass ein Plastikberg im Meer keine gute Sache ist, und auch die Umweltverschmutzung in Gestalt sorglos weggeworfener Plastikabfälle in der Natur stößt vielen Menschen übel auf. Es käme aber niemand auf die Idee, in eine Plastiktüte zu beißen oder Kunststoffstücke zu schlucken.

Tatsächlich tun wir alle das aber mehrmals am Tag, ohne dass wir uns dessen bewusst sind. Plastik steckt in zwischen in unserem Essen, im Oktober 2018 wurden erstmals Spuren von Plastik in einem menschlichen Darm nachgewiesen. Das liegt zum einen daran, dass wir oft am Ende der Nahrungskette stehen – mit anderen Worten: Tiere essen Plastik, wir essen Tiere.

Gerade Liebhaber der Meeresfauna nehmen mit dem Verzehr von Fischen unweigerlich Plastik in sich auf. Es hängt aber auch damit zusammen, dass Plastik in vielen Alltagsprodukten steckt, die wir ständig nutzen, ohne uns über diesen Umstand im Klaren zu sein. In Pflegeprodukten wie Zahnpasta und Körperlotionen ist häufig Plastik enthalten.

Die Zeitung WELT berichtet, dass jedes fünfte Kleidungsstück unverkauft bleibt und so fabrikneu in die Müllverbrennung wandert. Das bedeutet eine doppelte Belastung für den Menschen: Bei der überflüssigen Produktion wird Energie verbraucht und Plastik freigesetzt und bei der Entsorgung steigen ebenfalls wieder plastikhaltige Dämpfe auf. Gewonnen hat der Mensch dabei nichts!

Aber selbst Kleidungsstücke, die getragen werden, sind schädlich: Denn beim Tragen kommt es unweigerlich zu einem Abrieb winzig kleiner Plastikpartikel, die sich in der Umwelt ausbreiten. Diese winzigen Plastikfasern sind ein großes Problem, das unter dem Schlagwort Mikroplastik in den letzten Jahren immer häufiger in den Medien diskutiert wurde – bislang ohne Ergebnis.

Mikroplastik – Die unsichtbare Gefahr

Die vielleicht größte Plastikgefahr ist winzig klein und mit bloßem Auge beinahe nicht zu erkennen. Auch wenn wir uns dessen nicht bewusst sind: Unsere Umwelt ist voll von Mikroplastik. Darunter versteht man winzige Plastikpartikel, weniger als fünf Millimeter groß, die von größeren Plastikteilen stammen – sehr häufig zum

Beispiel ist Abrieb von Autoreifen dafür verantwortlich.

Aber auch wenn Reifenabrieb die nachweislich größte Quelle von Mikroplastik in der Umwelt darstellt, ist es beileibe nicht die einzige: Mikroplastik ist heute überall, wird durch den Wind über Äcker, Felder und Flur getragen, setzt sich im Boden fest, wird zum ständigen Begleiter im Kreislauf des Lebens, ohne wirklich ein Teil davon zu sein.

Mikroplastik ist allgegenwärtig, entsteht unbemerkt und nahezu unsichtbar an unzähligen Stellen des alltäglichen Lebens. Unsere Kleidung enthält Fasern und Partikel aus Plastik, man findet es auf Spielplätzen, auf Baustellen, im Supermarkt, im täglichen Coffee-to-go-Becher, den der Bäcker uns über die Theke reicht. Plastik ist in unserem Alltag so gegenwärtig und selbstverständlich wie Luft.

Trotz unseres jahrzehntelangen Umgangs mit Plastik und der gesicherten Erkenntnis, dass wir es in Form von Mikroplastik jeden

Tag in uns aufnehmen, wissen wir bis heute nicht, welche Wirkung es auf unseren Organismus hat. Eine gewisse Skepsis scheint angebracht, auch wenn es Hinweise gibt, dass der menschliche Körper imstande ist, das Plastik auf natürlichem Weg auszuscheiden.

Diesen Umstand betont auch das Deutsche Umweltministerium, das im Augenblick keine akute Gefahr für den Menschen durch Verzehr von Plastik sieht. Grund zur Entwarnung gibt es dennoch nicht: Der Mensch bleibt auf seine Umwelt angewiesen, er steht nicht allein und autark in einem abgeschotteten Biotop, sondern ist von einem funktionierenden Ökosystem abhängig.

Durch die Verseuchung seiner Umwelt mit Mikroplastik entzieht sich der Mensch deshalb selbst allmählich die Lebensgrundlage. Selbst wenn die Forschung verbindlich feststellen könnte, dass Plastik dem menschlichen Organismus nicht schade – was angesichts steigender Plastikmengen keineswegs sicher ist –, bliebe das Plastik als ernstes Problem für die Umwelt, für Flora und Fauna.

Ein weiterer Risikofaktor für den Menschen sind die Weichmacher, die häufig in Plastikprodukten zu finden sind. Im Gegensatz zu dem Plastik selbst gilt es bei ihnen als sehr wahrscheinlich, dass sie zu Leberschäden führen, Asthma auslösen und Unfruchtbarkeit bewirken können. Ganz allgemein sind Weichmacher eine Gefahr für eine gesunde Entwicklung des menschlichen Organismus.

Es gibt also eine ganze Reihe von guten Gründen, über Alternativen für Plastik nachzudenken.

Plastik – Die möglichen Alternativen

Plastik ist nicht alternativlos. Natürlich ist es nicht möglich, in unserer Zivilisation sofort und sogleich alles Plastik abzuschaffen. Dafür ist Plastik viel zu sehr verbreitet und auf vielfältige Weise in unsere Umgebung integriert. Aber es ist sehr wohl möglich, das Vorkommen von Plastik deutlich zu reduzieren – und der persönliche Alltag bietet dazu vielfach Gelegenheit.

Schritt für Schritt plastikfrei einkaufen

Auch im Einzelhandel wird umgedacht: Inzwischen gibt es Läden, die sich auf ein plastikfreies Einkaufserlebnis spezialisiert haben und diese Eigenschaft auch gezielt bewerben. Plastikfrei einkaufen ist keine esoterische Geheimlehre, sondern eine praktikable Möglichkeit – wenn man ein paar Tipps berücksichtigt.

Natürlich sind Läden, die sich auf einen plastikfreien Einkauf spezialisiert haben, noch eine Randerscheinung in Deutschland. In einer Millionenstadt wie München gibt es im Sommer 2019 gerade einmal zwei verpackungsfreie Läden. Tendenz steigend? Vermutlich, aber auch wenn es in Ihrer Nähe kein verpackungsfreies Geschäft gibt, können Sie trotzdem plastikfrei einkaufen.

Zumindest weitgehend. Es ist heute schon viel einfacher, plastikfreie Produkte auszuwählen, denn unter dem Druck der Verbraucher, aber auch der Medien und zahlreicher Aktivisten, haben viele Hersteller reagiert und plastikfreie Alternativen auf den Markt gebracht. Plastikfrei einkaufen wird leichter – es ist allerdings noch immer nötig, ein bisschen im Voraus zu planen.

Um plastikfrei zu leben, braucht es ein wenig Recherche. Gibt es einen plastikfreien Laden im unmittelbaren Umfeld, dann ist dieser natürlich eine hervorragende erste Anlaufstelle – meist lässt sich das leicht durch einen Blick ins Internet herausfinden. Ansonsten ist es vor allem wichtig, beim Thema Verpackung anzusetzen. Verpackungen sind eine Hauptquelle für Plastikmüll.

Schnell als Übeltäter in der ersten Reihe ausgemacht ist die allgegenwärtige Plastiktüte. Hier steht bei vielen Verbrauchern schon länger die dunkle Ahnung im Raum, dass das billig zu bekommende Wegwerfprodukt alles andere als ein Segen für die Umwelt ist. Alternativen wie Papiertüten und Stofftaschen werden deshalb in vielen Geschäften angeboten. Es geht aber noch besser.

Am besten ist es, wenn Sie erst gar keine Taschen im Supermarkt kaufen müssen, sondern auf eigene Netze, Beutel und Taschen setzen, auch ein Rucksack darf es sein. Damit sich deren Anschaffung lohnt und die Umwelt dauerhaft geschont und entlastet wird, müssen sie natürlich immer wieder eingesetzt werden. Ein guter Anfang – aber es geht auch hier noch besser!

Die eigenen Einkaufstaschen sind nämlich der ideale Ausgangspunkt, um sie mit eigenen Verpackungen zu füllen: Edelstahldosen, Einmachgläser und Glasflaschen können in vielen Fällen die an sich überflüssigen Plastikverpackungen ersetzen. Natürlich nur, wenn rechtzeitig an sie gedacht wird und sie für den Einkauf bereitgestellt bzw. mitgenommen werden.

Denn genau das wird von Läden, die sich auf unverpacktes Einkaufen spezialisiert haben, in der Regel erwartet. Zwar liegt meist ein kleiner Vorrat an Papiertüten für Spontankunden bereit, aber in der Regel sollten Sie Ihre Behälter selbst mitbringen. Ist das nicht der Fall, können Sie Gläser oder Dosen auch im Laden kaufen – nur treibt das die Einkaufkosten natürlich in die Höhe.

In einem Unverpackt-Laden wird dann das mitgebrachte Glas gewogen und das ermittelte Gewicht (Tara) von dem Einkauf abgezogen. Auf diese Weise ist es auch ganz einfach möglich, bereits befüllte Gläser mit Mehl, Zucker oder Gewürzen einfach aufzufüllen – die Gläser müssen also vor dem Einkauf nicht zwingend vollständig geleert werden. Das ist praktisch und umweltfreundlich!

Aber auch beim Einkaufen in einem gewöhnlichen Geschäft können Sie durch das Mitbringen eigener Verpackungen viel Plastikmüll sparen. Zwar ist es im Supermarkt eher selten möglich, Mehl und Zucker in mitgebrachte Schraub- und Einmachgläser zu füllen, aber zumindest die Plastiktüte können Sie sich sparen, wenn Sie immer einen stabilen Stoffbeutel dabeihaben.

Beim Bäcker und Metzger lohnt sich die Nachfrage, ob das Brot nicht direkt in die Brotdose oder der Aufschnitt bzw. der Braten in das mitgebrachte Behältnis gefüllt werden kann. Gerade bei Einkäufen im Bioladen oder auf dem Wochenmarkt zeigen sich die Verkäufer oft verständnisvoll und entgegenkommend. Bei Großmärkten mit abgepackten Waren ist das natürlich schwierig.

Generell sollten Sie unabhängig von der Wahl Ihres Geschäftes immer so viele Produkte wie möglich ohne Plastikverpackung kaufen. Wenn es nicht ohne Verpackung geht, dann hilft die Entscheidung für andere Materialien wie Glas und Papier. Generell sind Verpackungsarten zu empfehlen, die wiederverwendet werden können – wie eben pfandpflichtige Glasflaschen.

Wird ein bestimmter Artikel in Ihrem Haushalt in sehr großen Mengen benötigt, dann hilft der Kauf von Großpackungen, unnötigen Müll zu vermeiden. Gebäckschachteln, in denen jeder Keks noch einmal separat in Plastikfolie verpackt ist, stellen eine erhebliche und unverhältnismäßige Last für die Umwelt dar. Großpackungen kommen naturgemäß ohne viel überflüssige Verpackung aus.

Plastikfrei unterwegs

Inzwischen sind geregelte Mahlzeiten weit weniger selbstverständlich als es früher der Fall war, wir nehmen Nahrung immer häufiger unterwegs zu uns und greifen zu Getränken oder Snacks zum Mitnehmen. Die gibt es praktisch immer in einer Plastikverpackung oder mit Wegwerfgeschirr – schließlich möchte niemand seinen Caffee-to-go an der Theke trinken.

So praktisch und bequem Caffee-to-go und Co. aber auch sein mögen – für die Umwelt sind sie das reinste Gift. Etwas weniger bequem, aber eine deutliche Entlastung für die Umwelt stellen zum Beispiel Thermosbecher aus Edelstahl dar. Natürlich müssen Sie diese erst einmal anschaffen und ständig mitführen, aber die Mühe lohnt sich – und hygienischer ist Ihr eigenes Geschirr obendrein.

Weit appetitlicher als irgendwelche schmierigen Plastikboxen sind auch Brotboxen aus Edelstahl. Darin sieht das

Essen nicht nur frisch aus – es bleibt es auch und schmeckt auch so! Die Boxen und Behältnisse können zusätzlich durch spezielle, maßgeschneiderte Stofftaschen geschützt werden, die zudem waschbar sind und deshalb immer wieder angenehm frisch daherkommen.

Während es für Selbstversorger zunehmend einfacher wird, plastikfrei unterwegs zu sein, ist es in einem Restaurant natürlich gleich eine Ecke schwieriger. An Imbissbuden gibt es Alufolie und Plastikgeschirr zu Döner und Pommes, im Restaurant versteckt sich das Plastik häufig in den immer beliebter werdenden Mitnehm-Boxen. Nicht immer müssen Sie sich damit abfinden!

Fragen kostet nichts: Mancher Imbissbudenverkäufer ist durchaus bereit, Ihnen Pommes oder Döner in die mitgebrachte Box zu füllen. Schwieriger wird es bei den Getränken – die gibt es dort eben nur in Form von Dosen oder Plastikflaschen. Eigene Getränke im Edelstahlbecher können hier die Lösung sein. Vielleicht gibt es in Ihrer Nähe auch einen umweltfreundlichen Bio-Imbiss?

Im Restaurant gibt es mit dem Geschirr eher selten Probleme, dafür aber mit den Takeaway-Boxen. Eigentlich ist es eine gute Idee, Essenreste nicht verkommen zu lassen, sondern mitzunehmen. Der gutgemeinte Einsatz von Plastikboxen macht diese an sich schöne Idee aber wieder zunichte. Eine mitgebrachte Essensbox aus Glas oder Edelstahl schafft hier schnell und einfach Abhilfe!

Plastikfrei im Urlaub

Im Urlaub möchte eigentlich niemand an Müll denken müssen, es geht ja gerade darum, den Ballast abzuwerfen und einmal unbeschwert zu entspannen. Wenn Sie aber nicht gerade gute Kontakte zur NASA pflegen und mit einem Raumschiff im Weltall, auf dem Mond oder anderen Planeten Urlaub machen, dann sind Sie auch im Urlaub auf unserer guten alten Erde.

Weil es die einzige Erde ist, die wir haben, ist es auch im Urlaub geboten, keine Müllberge zu hinterlassen und möglichst plastikfrei zu entspannen. Plastikfrei im Hotel? Das klingt beinahe nach einer Unmöglichkeit – wird heute in Hotels doch sogar die Frühstücksmarmelade in winzig kleinen Plastikverpackungen serviert. Eigene Marmeladengläser sind in Hotels nicht so gern gesehen.

Was also tun? Auch ein Urlaub gelingt zumindest plastikreduziert, wenn entsprechende Vorbereitungen getroffen werden. Es ist zum Beispiel eine gute Idee, anstelle eines Hotels, in dem nur wenig in den eigenen Händen liegt, eine Ferienwohnung zu mieten. Dort ist man mehr oder weniger sein eigener Herr und kann für einen plastikfreien (Ferien-)Alltag sorgen.

Auch auf Reisen ist es praktisch, ausreichend Vorrat mitzunehmen. Wer selbst Flaschen und verschließbare Becher mit Getränken sowie Essensboxen aus Edelstahl dabei hat, der wird der Versuchung, unterwegs an Imbissbuden haltzumachen, viel besser widerstehen können. Dazu ist diese Lösung in den meisten Fällen auch deutlich preiswerter und schont das Urlaubs-Budget.

Es schadet ebenfalls nichts, eigenes Besteck mitzuführen. Das muss gar nicht aus Metall sein, es gibt auch sehr praktisches Reisebesteck für unterwegs aus Holz. Dasselbe gilt auch für Ihre Zahnbürste! Auf die Benutzung von Strohhalmen sollten Sie verzichten – lehnen Sie einfach ab, wenn man Ihnen eine derartige Trinkhilfe anbietet – es sei denn, sie ist aus Glas oder Edelstahl.

All diese Dinge benötigen nicht viel Platz in Ihrem Gepäck, helfen Ihnen dabei, im Flugzeug auf die angebotenen Plastikartikel, die zudem häufig noch eingeschweißt sind, zurückgreifen zu müssen. Wenn Sie zudem noch vorwiegend auf Leitungswasser setzen anstatt auf Wasser aus PET-Flaschen, dann kann auch Ihre Urlaubsbilanz recht positiv ausfallen.

Falls Sie in einem Land Urlaub machen, in dem der Genuss von Leitungswasser nicht zu empfehlen ist, dann haben Sie die Möglichkeit, einen großen Kanister zu kaufen, aus dem Sie täglich Ihre mitgebrachten Glasflaschen oder Becher befüllen. Auf diese Weise ersparen Sie sich den Zwang, Plastikflaschen mit Wasser kaufen zu müssen.

Plastikfrei Sport treiben

Wer Sport treibt, will im Normalfall seiner Gesundheit etwas Gutes tun. Mit diesem hehren Ziel verträgt es sich schlecht, wenn gleichzeitig die Umwelt durch Plastikmüll belastet wird. Es ist möglich, plastikfrei Sport zu betreiben, wenn man sich beim Zusammenstellen der benötigten Ausrüstung ein wenig Zeit nimmt und über den Tellerrand blickt.

Sportgeräte sind häufig mit allerlei Plastikkomponenten ausgestattet. Es geht allerdings auch ohne, wenngleich die entsprechenden Produkte im Moment noch in der Minderzahl sind und gesucht werden müssen. Trotzdem lohnt es sich, auf Sportgeräte ohne Plastik zu setzen – dasselbe gilt für Jogginganzüge, Laufschuhe, Yogamatten und ganz generell Sportbekleidung.

Es versteht sich von selbst, dass Sportler einen großen Flüssigkeitsbedarf haben. Da liegt der schnelle Griff zur komfortablen Plastikflasche nahe. Trotzdem sollte auch hier der Versuchung widerstanden werden – und das gelingt einmal mehr durch eine rechtzeitige Vorbereitung: Kühle und erfrischende Getränke lassen sich auch in Glasflasche und Edelstahlbecher bereitstellen!

Selbst die praktische Funktionsunterwäsche, die für passionierte Wintersportler unverzichtbar ist, enthält in der Regel eine Menge Plastik. Aber auch hier gibt es inzwischen eine Variante aus reiner Merinowolle, die vollständig ohne Polyester auskommt. Es gilt die Faustregel: Wer beim Sport wirklich ohne Plastik auskommen will, der kann das auch schaffen – mit Umsicht und Geduld.

Plastikfrei Kinder großziehen

Kinder lieben Plastik, es ist so schön bunt und leicht und lässt sich außerdem prima in den Mund stecken und darauf herumkauen oder daran herumlutschen. Kinder brauchen Vorbilder. Wenn Mama und Papa ständig mit der Plastikflasche wedeln und mit der Plastikbrotbox hantieren, dann werden die Kinder das als ganz selbstverständlich ansehen und adaptieren.

Es ist gar nicht so einfach, Kinder ohne Plastik großzuziehen, wenn schon die meisten Schnuller für Säuglinge aus Kunststoff bestehen. Glücklicherweise gibt es auch hier Alternativen, wenn Eltern die Augen offenhalten und mit Umsicht einkaufen. Für die Kleinsten gibt es Stoffwindeln, die wie die Plastikwindeln ihren Dienst versehen, dabei aber nachhaltig sind.

Beim Babygeschirr würde sich als Kompromiss Teller und Flaschen aus

Silikon anbieten. Silikon ist zwar auch ein Kunststoff, er basiert aber nicht auf Erdöl, sondern auf Silizium und gilt als ungiftig und unbedenklich. Außerdem ist er widerstandsfähig gegen hohe und niedrige Temperaturen und lange haltbar. Deshalb kommt Silikon auch im medizinischen Bereich häufig zum Einsatz.

Für ältere Kinder, die bereits zur Schule gehen, ist eine Lunchbox aus Edelstahl der ideale Behälter für das Pausenbrot und anstelle einer Plastikgetränkeflasche gibt es natürlich eine Lösung aus stabilem Glas oder Metall. Speziell für Kinder gibt es überdies waschbare Stofftaschen für Brot-Box und Trinkflasche, sodass beides einen bunten, individuellen und damit coolen Look bekommt!

Will man Kinder plastikfrei großziehen, dann ist es am effektivsten, wenn man sie erst gar nicht an die Selbstverständlichkeit von Plastik gewöhnt, sondern von Anfang an darum bemüht ist, Plastik so gut es geht zu vermeiden. Das betrifft nicht nur den als Vorbild wahrgenommenen Lebensstil der

Eltern, sondern vor allem das Kinderzimmer, das nachhaltig eingerichtet werden sollte.

Plastikfreie Hygiene-Artikel

Die Zahnpasta kommt aus der Tube, die Pflegelotion aus dem Plastikspender, auch Shampoo und Duschgel gibt es nun einmal nicht ohne Kunststoff. Wirklich wahr? Nein, es geht auch anders! Plastikfrei, aber nicht schlechter. Inzwischen gibt es zum Beispiel Zahnpaste in Tablettenform. Sie schäumt durch Kauen und Befeuchten auf und lassen sich dann ganz normal verwenden.

Weil eine Zahnpaste ohne Zahnbürste aber nur bedingt von Nutzen ist, stehen wir gleich vor dem nächsten Problem: Zahnbürsten haben die unangenehme Eigenschaft, fast immer aus Plastik zu bestehen. Fast immer? Ja, denn wer an den richtigen Stellen sucht – zum Beispiel einem Bioladen – der findet auch Zahnbürsten aus Holz, die ganz ohne Plastik auskommt.

Was den Zähnen taugt, ist auch für die Haare nicht schlecht: Hier lohnt sich die Investition in eine Naturhaarbürste sogar gleich doppelt: Im Gegensatz zu den verbreiteten Haarbürsten aus Plastik oder Metall rauen sie die empfindliche Kopfhaut nicht auf. Eine Holzbürste wirkt dagegen wie eine Massage auf die Kopfhaut ein, fördert die Durchblutung und reduziert die statische Aufladung.

Auch Duschgel und Shampoo müssen nicht mehr zwangsläufig in der Plastikflasche gekauft werden. Wie die Seife gibt es sie inzwischen in fester Blockform. Ähnlich wie die Zahnpasta-Tabletten schäumen sie bei Kontakt mit Wasser auf und lassen sich dann wie das altvertraute Shampoo und Duschgel verwenden. Es gibt auch bereits verschiedene Sorten für jeden Bedarf.

Wer es lieber flüssiger mag, hat auch die Möglichkeit, zu einer Bodylotion aus Pflanzenöl zu greifen. Die ist nicht nur sehr gesund, sondern wird auch in einer nachhaltigen Glasflasche ausgeliefert. In einem solch umweltfreundlichen Produkt findet sich mit Sicherheit kein gefährliches Mikroplastik, das ansonsten in unzähligen Kosmetikartikeln steckt!

Noch gesünder und umweltfreundlicher wird es, wenn Sie Ihr Shampoo oder Ihre Pflegelotion selbst herstellen: Das ist gar nicht schwer und lässt sich auf der Grundlage von Seifenlauge und destilliertem Wasser auch von Laien mit entsprechender Anleitung gut bewerkstelligen. Für blondes Haar sind Kamillenblüten als Zutat geeignet, als Universallösung empfiehlt sich Lavendel.

Es hat sich bereits herumgesprochen, dass Wattestäbchen trotz allseitiger Beliebtheit alles andere als eine sinnvolle Anschaffung sind, und ihre Zeit läuft ist auch so gut wie abgelaufen: Zumindest die umweltfeindliche Variante aus nicht biologisch abbaubarem Kunststoff ist in der Europäischen Union ab 2021 verboten – dieses Verbot soll alle Plastik-Einwegprodukte betreffen.

Auch die häufig benutzten Wattepads kommen in Sachen Umweltfreundlichkeit nicht sonderlich gut weg. Eine charmante Alternative sind selbstgehäkelte Abschminkpads, deren Anfertigung aber ein wenig handwerkliches Geschick voraussetzt. Aber auch Handarbeitsmuffel bekommen in gut sortierten Läden Wattepads aus Stoff, die waschbar und wiederverwendbar sind.

Waschbar und wiederverwendbar sind auch Taschentücher aus Stoff, die umweltfreundlicher daherkommen als die Massen an Einmal-Papiertaschentücher, die unsere Müllkanäle verstopfen. Für die Damen gibt es inzwischen Slipeinlagen aus Baumwolle, die ebenfalls der Umwelt dienen. Unbedenklich sind außerdem Menstruationstassen aus plastikfreiem Silikon.

Schwierig wird es mitunter auch beim Thema Rasieren: Hier sind im Handel kaum Produkte ohne Plastik zu finden. Aber es gibt sie doch: Rasierhobel aus Holz und Metall sind ein sehr zu empfehlender Ersatz für die umweltschädlichen Einwegrasierer. Auch gibt es noch ganz klassische Rasiersets, die mit Pinsel und Klinge wunderbar nostalgisch anmuten.

Plastikfreie Ernährung

Klar, im eigenen Essen möchte niemand Plastik haben. Geraten doch einmal Plastikteilchen in irgendein Fertiggericht, dann ist das Entsetzen groß und der Hersteller bemüht sich hektisch um einen schnellen Rückruf. Soweit es die Verpackung betrifft, ist der Mensch weniger empfindsam, denn die wandert ja ohnehin auf den Müll – worin allein schon ein großes Problem liegt.

Viel zu häufig übersehen wird aber auch der Umstand, dass wir durch unser Essen jeden Tag Plastik in uns aufnehmen. Mikroplastik nämlich, das allerdings keinen Hersteller zu einer aufwendigen und öffentlichkeitswirksamen Rückrufaktion bewegt. Mikroplastik als Teil der Ernährung ist bereits unbemerkt zu einer Selbstverständlichkeit geworden – eine fatale Entwicklung!

Ganz vorne mit dabei sind Meerestiere, die als wahre Plastikdepots auf unseren Tellern landen. Über Schalentiere können Menschen bis zu 0,5 Gramm Mikroplastik aufnehmen – in einer Woche! Noch schlimmer sieht es weltweit beim Trinkwasser aus, das als wichtigste Plastikquelle dient. Insbesondere bei amerikanischem und indischem Leitungswasser sind die Werte erschreckend hoch, während Europa, insbesondere Deutschland, noch relativ gut aufgestellt ist.

Aber trotz aller Bemühungen, unser Wasser zu klären, erhöht sich auch hierzulande der unerwünschte Anteil an Mikroplastik im Trinkwasser. Die Langzeitauswirkungen sind zwar noch nicht umfassend dokumentiert, doch befinden sich dazu große Studien in Arbeit. Es ist aber sehr beunruhigend, dass ausgerechnet Wasser die wichtigste Quelle für die Plastikaufnahme ist.

Denn Wasser ist die unverzichtbare Lebensgrundlage unseres *blauen Planeten.* Um unsere Erde und uns selbst zu erhalten, müssen wir stärker auf die Karte Natürlichkeit setzen: Biokost ist eine Möglichkeit, den Plastikanteil im Essen zumindest zu reduzieren. Vegetarische und vegane Ernährung sind unter diesem Aspekt auch empfehlenswert, da pflanzliche Nahrungsmittel in der Regel weniger mit Plastik belastet sind als tierische.

Da es bei Plastik früher oder später immer zu einem unsichtbaren Abrieb kommt, ist bei der Wahl der Schüsseln und des Geschirrs auch darauf zu achten, dass möglichst keine Plastikprodukte zum Einsatz kommen. Holz, Glas, Keramik, Metall sind die Materialien der Wahl, die nicht nur der Gesundheit und der Umwelt dienen, sondern auch weit hygienischer sind als das Plastik.

Kaffeeliebhaber sollten unbedingt auf die plastikumschlossenen Kaffeekapseln verzichten und stattdessen auf den herkömmlichen Röstkaffee in Pulverform setzen. Diese Art der Kaffeezubereitung ist auch deutlich preiswerter. Bei der Kaffeemaschine sollte natürlich auch Plastik vermieden und stattdessen auf Metallkomponenten gesetzt werden.

Plastikfreies Kinderspielzeug

Wohl alle Eltern haben diese oder eine ähnliche Erfahrung schon einmal gemacht: Nach dem Besuch im Kino möchte der Jüngste auch gerne so ein cooles Laserschwert haben wie der Jedi-Ritter im Film. Die Spielwarenindustrie ist nur zu gern bereit, diesem Wunsch abzuhelfen – aber das Laserschwert fürs Kinderzimmer ist natürlich aus Plastik.

Hier sollten Eltern vorsichtig gegensteuern. Am besten ist es, wenn Kinder von Anfang an Spielzeug aus Holz bekommen. Dabei gilt: Weniger ist mehr, lieber ein hochpreisiges Puppenhaus oder eine Eisenbahn aus Holz, mit dem die Kinder lange spielen, als viele Kleinigkeiten, die schnell wieder in Vergessenheit geraten.

Besonders beliebte Marken wie Playmobil oder LEGO sind praktisch ohne Plastik nicht denkbar, aber auch hier gibt es Lösungsansätze: Wird beispielsweise das teure Playmobil- oder LEGO-Spielzeug über mehrere Generationen benutzt (wie es bei vielen Familien der Fall ist!), dann kann das auch als eine Art von nachhaltigem Umgang mit Plastik gelten.

Wichtig ist: Seien Sie kompromissbereit. Wenn Kinder ein plastikfreies Leben schon früh als freudlose Kasteiung empfinden, bei der sie auf all das verzichten müssen, was bei ihren Spielkameraden selbstverständlich ist, dann hat das perspektivisch wenig Sinn.

Gerade mit älteren Kindern kann man über dieses Thema auch sprechen und Kompromisse aushandeln: Wenn du auf diese Sache partout nicht verzichten willst, dann lass uns doch überlegen, wo wir stattdessen an anderer Stelle Plastik einsparen können. So werden die Kinder schon früh in einen selbstständigen und bewussten Umgang mit Plastik und Schadstoffen miteinbezogen. Mehr noch: Der Verzicht wird als eigene Entscheidung begriffen, die Umsetzung fällt leichter als bei einem direkten Verbot der Eltern.

Plastikfreie Möbel und Einrichtung

Bei Plastikmöbeln denken die meisten Menschen wohl spontan an Campingmöbel, Gartenstühle oder Balkonliegen. Das heimische Sofa oder der Fernsehsessel werden eher selten mit Plastik in Verbindung gebracht. Aber auch in unserer ganz gewöhnlichen Wohnungseinrichtung verbergen sich eine Menge unerwarteter Plastikfallen!

Plastik kommt nämlich auch bei der Produktion bestimmter Bezüge zum Einsatz, zum Beispiel bei Polyestermöbeln. Aber auch da, wo man es eigentlich gar nicht erwartet, nämlich bei Möbeln in Holzoptik, kommt das ungeliebte Plastik zum Zug. Möbel in Holzoptik bestehen aus Pressspan, der von plastikhaltigem Klebstoff zusammengehalten wird. Hier wird das Holz zur Mogelpackung!

Ein guter, vielleicht sogar der beste Tipp für den Möbelkauf ist die Empfehlung für

Vollholzmöbel. Diese sind stabil, haltbar und qualitativ hochwertig. Wider Erwarten gibt es sie auch in günstigeren Ausführungen, sogar bei Möbelhändlern wie IKEA. Eine Investition in hochwertige Vollholzmöbel lohnt sich aber in jedem Fall, denn sie können ein Leben lang verwendet werden.

Weniger gut haltbar, dafür aber deutlich günstiger und sehr flexibel sind Möbel aus Pappe. Diese sind gerade für Menschen interessant, die vielleicht aus beruflichen Gründen häufig den Wohnort wechseln müssen. Die Möbel sind schnell zusammengesteckt und auch genauso schnell wieder auseinandergenommen. Oft begeistern sie durch ihr individuelles Äußeres, mit dem auch Kinder ihren Spaß haben.

Giftig und gefährlich ist häufig auch der Boden unter unseren Füßen. Viele geleimte und geklebte Bodenbeläge enthalten Schadstoffe und Plastik. In einer Mietwohnung sind die Möglichkeiten zu einer Veränderung begrenzt, aber Bauherren sollten unbedingt im Vorfeld daran denken, auch die Bodenbeläge möglichst umwelt- und menschenfreundlich zu gestalten.

Ein oft vernachlässigtes, aber wichtiges Thema sind die Textilien, die in Form von Vorhängen, Tischdecken und Teppichen in jeder Wohnung zu finden sind. In vielen im Handel erhältlichen Einrichtungstextilien steckt Plastik. Oft merkt man das den jeweiligen Stoffen schon beim Auswickeln an – das Plastik stinkt im wahrsten Sinne des Wortes zum Himmel.

Auch bei der Auswahl der Farben und Lacke bei einer Renovierung sollte darauf geachtet werden, dass schadstoff- und plastikfreie Produkte angeschafft werden.

Plastikfreie Elektronikartikel

Elektronik und Plastik treten heute ähnlich häufig gemeinsam auf wie das rote und das grüne Ampelmännchen. Eine Computertastatur oder ein Smartphone ohne Plastik sind nur schwer vorstellbar, ein Fön oder eine Videospielkonsole ebenso. Es scheint wenig realistisch, dass ein Großteil der Menschheit in Zukunft auf derartige Technologie verzichten wird.

Trotzdem müssen Sie den Kampf nicht gleich verlorengeben: Es gibt plastikfreie elektronische Artikel, wenngleich die meisten davon noch eine recht exotische Anmutung besitzen. Zum Beispiel besteht die Möglichkeit, eine Computertastatur aus Bambusholz zu kaufen. Auch gibt es Kabel aus thermoplastischem Elastomer, die im Gegensatz zu üblichen Kabeln ohne Plastik auskommen.

Auch wenn es schwierig ist, an wirklich plastikfreie Elektronikartikel zu bekommen, gibt es doch wenigstens sinnvolle Kompromissmöglichkeiten: Der Kauf einer ausgewiesen plastikarmen Maus ist besser als der Kauf eines Standardmodells, auch elektronische Geräte aus abbaubarem Bio-Plastik sind umweltverträglicher als die verbreiteten Lösungen.

Wenn das Gerät selbst partout nicht ohne Plastik zu haben ist, dann kann doch beim Zubehör darauf geachtet werden, dass möglichst wenig oder am besten gar kein Plastik zum Zug kommt. Handyhüllen gibt es vollkommen plastikfrei aus so spannenden Materialien wie Kork, Leder, Bambus oder Filz. Solche biologisch abbaubaren Handyhüllen sehen häufig auch viel edler aus als die schrillen Plastikprodukte, die als Billigartikel dem Kunden hinterhergeworfen werden.

Plastikfreie Kleidung und Mode

Natürlich: Die meisten Menschen möchten nicht unbedingt den ganzen Tag ohne Kleider herumlaufen, und beileibe nicht jeder hat das Geld für einen Besuch beim Maßschneider. Aber es ist gar nicht so einfach, sich umweltbewusst anzuziehen – das Plastik in unseren Kleidern ist nämlich häufig nicht auf Anhieb erkennbar. Wie lässt sich plastikfreie Mode sicher vermeiden?

Die begabten Schneider unter uns dürfen jederzeit selbst zu Nadel und Faden greifen und können damit sicherstellen, dass nur plastikfreie Stoffe verwendet werden. Andere können zum Beispiel auf die sogenannte *faire Mode* zurückgreifen, deren Hersteller normalerweise ebenfalls stark darauf achten, dass sich kein Plastik einschleicht.

Gerade bei Outdoor-Aktivitäten ist Kleidung aus Kunstfasern sehr beliebt, weil sie nahezu unverwüstlich und wasserdicht ist. Aber dennoch ist Plastik bei Sportkleidung nicht alternativlos. Bequeme Kleidung aus Bio-Baumwolle gibt es auch für den Außeneinsatz! Falls die Modegeschäfte in Ihrer diesbezüglich schlecht sortiert sind, hilft auch ein Blick ins Internet.

Falls plastikfreie Kleidung im Neukauf zu teuer kommt, ist auch der Gang zu einem Second-Hand-Laden eine denkbare Alternative. Selbst wenn hier unklar ist, ob die gekaufte Ware wirklich ohne Plastik produziert wurde, ist eine Zweitverwertung doch immer auf gewisse Weise nachhaltig und deshalb auch vertretbar.

Plastik in der Kleidung ist eine völlig überflüssige Neuerung, die sich niemand gefallen lassen muss – schließlich hat sich die Menschheit jahrhundertelang ohne Plastik kleiden können. Deshalb lohnt sich der Blick auf das Wäscheetikett, und Kleidungsstücken mit Kunstfasern können Sie getrost und konsequent die rote Karte zeigen – es gibt kleidsame Alternativen.

Plastikfrei im Garten

Gartenmöbel aus Plastik sind heute eine Selbstverständlichkeit. Sie sind robust und leicht zu reinigen, also geradezu prädestiniert für den ständigen Einsatz an der frischen Luft. Dabei sind Stühle aus Holz nicht nur viel umweltfreundlicher, sondern auch deutlich hübscher anzusehen! Gartenmobiliar aus Holz besitzt seinen ganz eigenen natürlichen Charme, den stumpfes Plastik nie erreicht. Außerdem passt Holz auch viel besser zum Grün von Rasen und Sträuchern!

Doch nicht nur beim Mobiliar kommt Plastik gerne im Garten zum Einsatz, auch bei der Pflege der Pflanzen ruht so mancher grüne Daumen gern auf dem Griff einer Plastik-Gießkanne. Dabei sind Modelle aus Metall weit robuster und ansehnlicher! Und Blumentöpfe aus Plastik müssen auch wirklich nicht sein, schließlich gibt es so hübsche Alternativen aus Keramik. Wer gerne ein Windrad aufstellen möchte, kann das mit einem Modell aus Edelstahl tun.

Natürlich gibt es auch Eimer, Grillpfannen und Gemüsekörbe aus Edelstahl; gerade im Umgang mit Lebensmitteln ist Edelstahl Plastik auch aus hygienischen Gründen immer vorzuziehen. Wer sich gerne in der Hängematte ausruht, wird schnell feststellen, dass es sich in einem Modell aus Bio-Baumwolle noch viel gemütlicher ruht als in einer Plastikausführung. Auch das Zelt für die Kinder muss keineswegs aus Kunststoff sein – ebenso wenig wie Decken für das Picknick.

Auf die stimmungsvolle Lichterkette im Garten müssen auch Umweltfreunde und Plastikfeinde nicht verzichten: Umweltverträgliche Lampions mit solarbetriebenen Lichtern sorgen genauso gut für die gewünschte Stimmung wie Plastikleuchten. Gläser mit Windlichtern stellen eine weitere Möglichkeit dar, plastikfrei für atmosphärische Illumination zu sorgen. Überhaupt ist ein Garten ohne Plastik weit stimmungsvoller, charmanter und origineller als die Kunststoff-Variante.

Die kostbare Aussaat wird von vielen Gärtnern gerne mit Schutzhüllen gegen Schnecken bedeckt – leider ist auch diese an sich sinnvollen Maßnahme meist mit dem Einsatz von Plastik verbunden. Auch hier gibt es aber Schutzhüllen aus Edelstahl, die zwar meist etwas mehr kosten, dafür aber auch etwas länger halten und die Umwelt schützen.

Plastikfreie Party und Feiern

In Party auf dem Höhepunkt ist und die Feierlaune alle Gäste ergriffen hat, dann ist im allgemeinen Hochgefühl der Umweltschutz nicht unbedingt das wichtigste Thema. Deshalb ist es nur gut, wenn im Vorfeld der Feier schon die entsprechenden Weichen gestellt werden! Plastikfrei feiern ist dabei alles andere als ein Stimmungskiller – im Gegenteil!

Ein entscheidender Knackpunkt bei allen Feiern ist das Geschirr. Oft kommt Wegwerfgeschirr aus Plastik zum Einsatz, das eine unglaubliche Belastung für den Müllkreislauf darstellt. Aber selbst beim Griff zu Papptellern wird die Umwelt ordentlich ins Minus getrieben. Dabei stellt sich die Lösung so einfach dar: Entweder bringt jeder Gast seinen eigenen Teller und sein eigenes Besteck mit, oder Sie als Gastgeber stellen aus Ihrer eigenen Küche alles bereit.

Soll es doch spezielles Einweg-Partygeschirr sein, dann empfiehlt sich wenigstens der Griff zu einer möglichst umweltfreundlichen Variante, zum Beispiel aus Zuckerrohr oder Holz. Auf jeder Party fehlen sollten hingegen Trinkhalme aus Plastik. Diese vermeintlich harmlos-bunten Gesellen sind für die Umwelt ein tiefer Messerstich, der nachhaltigen Schaden bringt. Wenn es gar nicht ohne Trinkhalme geht, dann sind entweder wiederverwertbare Modelle aus Glas oder Edelstahl zu empfehlen oder Einweg-Strohhalme aus Papier.

Eine sehr einfache Methode, um die Geschirrfrage zu lösen, ist einfach eine clevere Anpassung der Verköstigung: Wird nur Fingerfood angeboten, braucht es kein Besteck, nur einen Stapel Papierservietten. Es versteht sich von selbst, dass auch die Eiswürfel für die Drinks bei einer umweltfreundlichen Party aus Edelstahl bestehen sollten – die wiederverwendbaren Stahl-Eiswürfel funktionieren wie das Wasser-Pendant, beeinflussen aber den Geschmack der Getränke nicht, weil sie nur kühlen, aber nicht schmelzen! Hygienisch ist das natürlich einwandfrei.

Selbst machen und Umwelt schonen

Die ständig wachsende Konsumgesellschaft stellt eine erhebliche Belastung für die Umwelt dar. Heute sind viele Menschen es gewohnt, alles, was sie brauchen, aus industrieller Herstellung zu kaufen. Oft bezahlen sie dafür viel mehr Geld, als eigentlich nötig wäre! Viele Dinge können ganz einfach selbst gemacht werden – und erreichen dabei ein höheres Niveau als die gekaufte Ware.

Lebensmittel einkochen und fermentieren

Es ist nicht unbedingt eine neue Erkenntnis, dass ein selbstgebackener Kuchen frischer und besser ist als ein plastikumwickeltes Fertigtörtchen aus dem Supermarkt. Ansetzen kann man aber im Kampf gegen Plastik schon viel früher: Erinnern wir uns an die sprichwörtliche Großmutter, die ihr

Obst und ihr Gemüse selbst eingekocht und fermentiert hat!

Einkochen und Fermentieren sind Techniken, die früher jede Hausfrau kannte, die heute aber im Zuge von Tiefkühlkost und Fertiggerichten stark an Bedeutung verloren haben. Es mehren sich die Anzeichen, dass dieser Trend bald umgekehrt wird: Saisonale Produkte lassen sich auf diese Weise frisch kaufen und für eine längere Nutzung haltbar machen, ohne dass Plastik ins Spiel kommt.

Es lohnt sich, die Mühe des Einkochens und Fermentierens auf sich zu nehmen: Zum einen haben Sie so eine vollständige Kontrolle über die Lebensmittel, die Sie einlagern. Hygiene, Qualität, Süße und Würze – alles liegt in Ihrer Hand. Außerdem sind gerade fermentierte Lebensmittel besonders gesund: Sie werden auf natürliche Weise durch Gärung haltbar gemacht und sind damit frei von allen künstlichen Konservierungsstoffen, die oft schwer verdaulich sind.

Der regelmäßige Verzehr von fermentierten Lebensmitteln hilft auch dabei, Heißhungerattacken vorzubeugen und wirkt sich so positiv auf das eigene Körpergewicht aus. Das liegt daran, dass bei der Fermentierung probiotische Milchsäurebakterien zum Einsatz kommen, die im menschlichen Darm dafür sorgen, dass die Zahl der Mikroorganismen, die den Hunger steigern, reduziert wird.

Beim Einkochen hingegen werden Lebensmittel wie der Name schon sagt eingekocht – das heißt erhitzt – und mit Zucker, Salz und anderen Gewürzen haltbar gemacht. Dabei sind natürlich mehr Kalorien im Spiel, dafür lassen sich aber leckere Geschmacksrichtungen gewinnen. Eingekochtes Obst oder Gemüse ist für viele Menschen ein besonderer Genuss und keineswegs eine Notlösung!

Wichtig ist beim Einkochen wie Fermentieren gleichermaßen, dass eine gründliche Vorbereitung erfolgt und sorgfältig alle Fehler vermieden werden. Dabei sind beide Vorgänge alles andere als schwierig und können auch von Einsteigern und Laien nach entsprechender Anleitung leicht und sicher bewältigt werden.

Zum Einmachen benötigt man Gläser mit Schraubverschluss, die berühmten Einmachgläser. Die müssen nicht neu gekauft werden, sondern können über das Jahr auch gesammelt werden – als umweltbewusste Verbraucher achten wir schließlich darauf, dass wir unsere Lebensmittel nicht in Plastikgefäßen, sondern in Gläsern kaufen. Anstatt die Gläser zum Altglas zu geben, spülen wir sie sorgfältig aus und benutzen sie weiter – zum Beispiel zum Einkochen.

Für das eigentliche Einkochen gibt es zahllose Rezepte, bei deren Auswahl natürlich die jeweiligen Vorlieben eine Rolle spielen. Wichtig ist, dass die Marmelade, das Obst oder das Gemüse heiß in die Gläser gefüllt, diese dann verschraubt und für einige Minuten auf den Kopf gestellt werden. Dann werden Sie wieder richtig herum aufgestellt und mit einem Küchenhandtuch bedeckt. So dürfen sie in

Ruhe abkühlen. Dieses auf den ersten Blick ungewöhnliche und unlogische Vorgehen führt dazu, dass der Deckel sich leicht nach innen zieht und das schützende Vakuum entsteht – beim Öffnen zu erkennen an dem charakteristischen Ploppen.

Der Fermentationsprozess wiederum ist eine hoch effektive, aber auch sehr delikate Angelegenheit. Hygiene ist hier besonders wichtig, denn schon leichte Verschmutzungen können das gesamte Fermentationsgut verderben. Davon sollte sich aber niemand abschrecken lassen – die Mühe lohnt sich, aus Gründen des Geschmacks und der Gesundheit. Eine sehr starke Geruchsentwicklung ist bei der Fermentierung normal, deshalb müssen die Gläser gut und dicht verschlossen sein.

Es muss auch niemand Angst haben, aus Versehen verdorbene Nahrungsmittel zu sich zu nehmen. Wenn Einkochen und Fermentieren richtig angegangen werden, geht eigentlich nichts dabei schief – wenn doch, sind dafür meistens deutliche Anzeichen sichtbar: Weißer Belag oder übler Geruch beim Öffnen sind ein klares Indiz. Im Normalfall sind eingekochte und fermentierte Lebensmittel aber vor allem eins: unheimlich lecker und sehr gesund.

Zero Waste Kitchen

Zero Waste bedeutet keine Verschwendung, in die Praxis Ihrer Küche übersetzt: Beim Kochen soll möglichst nur einer hungrig bleiben, und das ist der Mülleimer. *Zero Waste Kitchen* ist eine Küche, bei der gut und gern gekocht wird, dabei aber keine Abfälle anfallen. Das klingt nach einem ehrgeizigen Ziel? Das ist es auch, aber findige Köpfe haben hier schon viele Lösungen erarbeitet.

Wenn man berücksichtigt, dass jeder Deutsche mehrere Hundert Kilo Abfall im Jahr produziert, dann ist das ein alarmierender Wert. Jede Maßnahme zur Reduktion der Müllberge, von denen ein beträchtlicher Teil aus Plastik besteht, scheint dabei angemessen. Auch wenn das radikale Ziel *Zero Waste* nicht immer erreicht werden kann, ist doch jeder Schritt ein Erfolg.

Eine wichtige Säule der *Zero Waste Kitchen*, der Küche ohne Verschwendung, ist der Verzicht auf Wegwerfverpackungen und der

Griff zu wiederverwertbaren Behältern aus Glas, Edelstahl oder Holz. Diese Maßnahme lässt sich auch ganz wunderbar mit den bereits vorgestellten Methoden des Einkochens und Fermentierens kombinieren!

Überhaupt spielt der Verzicht auf Tiefkühlkost und ähnliche unter Zuhilfenahme von Plastik- und anderen Wegwerfverpackungen konservierten Lebensmittel eine wichtige Rolle in der *Zero Waste Kitchen*. Hier lässt sich eine Unmenge an Müll einsparen!

Spezielle, nach den Prinzipien von *Zero Waste Kitchen* verfasste Rezepte helfen dabei, ohne anfallenden Müll zu kochen und bieten auch eine Reihe von Vorschlägen, wie vermeintlich überflüssige Reste und überreifes Obst oder Gemüse noch sinnvoll verwendet werden können – zum Beispiel in Form von Salatpesto.

Bananenschalen wandern bei den meisten Verbrauchern einfach in den Müll. Was soll man auch sonst damit anfangen? Nun, zum

Beispiel kandieren, anbraten oder einlegen – und schon wird aus dem Abfall eine Leckerei. Das ist nur ein Beispiel von vielen, denn eine Menge Dinge, die wir an sich gerne wegwerfen, könnten wir viel sinnvoller noch weiternutzen.

Was viele Großstädter nicht wissen: Auch in der Stadtwohnung ist das Kompostieren von Gemüse und anderen biologisch abbaubaren Stoffen in gewissem Umfang möglich – und durchaus empfehlenswert! Das Kompostieren reduziert nicht nur die anfallende Menge Müll, sondern sorgt auch für ein gesünderes Wachstum der eigenen Pflanzen.

Zero Waste, das bedeutet: intelligent und so wenig wie möglich einkaufen. Benutzen Sie Besteck und Geschirr so lange wie möglich! Versuchen Sie, möglichst viele Werkzeuge universal zu nutzen, das heißt, schaffen Sie nicht für jeden Zweck eine eigene, neue Lösung an, wenn es mit ein wenig Improvisation auch die bereits vorhandenen Mittel tun. Vermeiden Sie vor allem wo es nur geht Einweglösungen. Dinge, die nach einmaligem Gebrauch entsorgt werden müssen, gehören zu den größten Belastungen für die Umwelt.

Kaufen Sie Lebensmittel nur in dem Umfang, wie Sie sie auch wirklich aufbrauchen – und planen Sie Ihren Speiseplan so, dass es möglichst viele Überschneidungen und Ergänzungen gibt. Es geht darum, eine Kette zu entwickeln, in der alle Glieder miteinander verknüpft sind und sich stärken.

Selbst recyceln und Müll trennen

Wir haben bereits gelernt, dass die Recyclingraten von Plastik steigerungsfähig sind. Anstatt aber nur auf andere zu warten, können wir auch selbst tätig werden und das Recycling zumindest teilweise in die eigene Hand nehmen! Zum Beispiel durch einen eigenen Mini-Kompost auf dem Balkon, bei dem Bioabfall in Dünger für Blumen und Kräuter umgewandelt wird.

Deutschland gilt zwar als das Mutterland der Mülltrennung, aber in den einzelnen Haushalten greifen bei Weitem nicht alle Maßnahmen wie gewünscht. Viele Irrtümer halten sich hartnäckig und Müll wird zwar getrennt, aber falsch einsortiert. Deshalb gilt auch hier die goldene Regel: Erst informieren, dann agieren.

So sinnvoll Recycling und Mülltrennung auch unbestreitbar sein mögen, sie können im Kampf gegen die Müllberge und für ein plastikfreies Leben immer nur der zweite

Schritt sein: Am besten und effektivsten ist es natürlich immer, so viel Müll wie nur möglich zu vermeiden. Vermeiden ist besser als wiederverwerten, wiederverwerten ist besser als wegwerfen.

Wenn Müll aber anfällt, dann ist es wichtig, sich exakt an die Angaben des Entsorgers zu halten: Glas in den Glascontainer, nach Farben getrennt, denn die Sortierung ist aufwendig. Sauberes Altpapier in die Papiertonne, schmutziges in den Restmüll, denn mit stark verschmutztem Papier ist das Recycling meist überfordert. In die Gelbe Tonne oder in den Gelben Sack gehört wirklich nur, was auch entsprechend mit einem Grünen Punkt gekennzeichnet ist.

Besonders spannend zum Thema Plastik-Recycling ist das Projekt *Precious Plastic*, das der Niederländer Dave Hakkens entwickelt hat. Dabei geht es darum, dass bereits vorhandenes Plastik in Haushalten, das eigentlich für die Mülltonne bestimmt ist, weiterverwertet wird. Dafür wird es zerkleinert, erhitzt und in Pellets verwandelt, die zum Beispiel für 3D-Drucker verwendet werden können. Grundsätzlich kann jedermann so eine Maschine bauen.

Inwieweit sich dieses Projekt abseits von passionierten Bastlern durchsetzen wird, bleibt abzuwarten. Es macht aber Mut, dass mit solchen innovativen Tüftlern wie Dae Hakkens irgendwann Kreisläufe geschaffen werden können, die nahezu jede Form von Abfall obsolet machen. Natürlich lautet das Ziel nicht wenig Plastik, sondern gar kein Plastik – aber realistisch betrachtet ist das ein Fernziel, und jede Zwischenetappe ist ein Erfolg.

Minimalismus leben

Manchmal ist weniger mehr: Minimalismus muss nicht Selbstkasteiung bedeuten, sondern kann eine echte Chance sein, das Leben bewusst zu erfahren und die schönen Dinge zu genießen. Es ist grundfalsch, Minimalismus nur mit Entbehrung gleichzusetzen, denn Minimalismus bedeutet vielmehr Gewinn durch Verzicht.

Masse schluckt Klasse – das ist eine Erfahrung, die wir im Alltag häufig ganz unbewusst machen. Wenn wir den ganzen Tag irgendetwas essen, nebenbei naschen, mal in diese Schüssel, mal in eine andere greifen, dann wird das Essen irgendwann zu einer beiläufigen Selbstverständlichkeit, die wir nicht mehr richtig wahrnehmen, geschweige denn genießen können.

Sitzen wir aber mit Hunger und Appetit am Tisch, dann werden unsere sensibilisierten Geschmacksnerven ein ganz anderes Erlebnis verzeichnen – das Essen wird zum Ereignis, die schnöde Nahrungsaufnahme zum Genuss. Obwohl wir aufs Ganze gesehen weniger bekommen haben, jedenfalls der Menge nach, war es auf die Wirkung bezogen doch eine Steigerung.

Wer minimalistisch lebt, nimmt sich nicht unbedingt etwas weg, sondern bereichert sich. Außerdem wird das Leben leichter: Minimalistisch leben bedeutet auch, nur die Dinge zu kaufen, die man wirklich braucht. Dadurch verliert der Alltag ganz automatisch an Ballast, weil weniger gerechnet, gesorgt und verwaltet werden muss.

Minimalismus bedeutet auch, unter den eigenen Verhältnissen zu leben – nicht immer ans Limit oder darüber hinaus zu gehen. Das mindert den Stress und die Geldsorgen, die bei ungehemmten Bedürfnissen zwangsläufig immer anfallen. Es bringt auch eine ganz neue Qualität in den Tag, weil die begrenzte Lebenszeit nur auf Dinge verwandt wird, die den Menschen weiterbringen.

Minimalismus soll kein wahl- und zielloser Verzicht sein. Wie bei allen Bemühungen um eine möglichst umfassende Müll- und Plastikreduktion gilt auch hier: Mut zum Kompromiss! Wenn es nicht gelingt, auf allen Ebenen den gleichen Erfolg zu erzielen, ist das kein Grund, die Flinte ins Korn zu werfen und vorzeitig aufzugeben.

Es geht auch darum, zu erkennen, wo im persönlichen Bereich ein Verzicht gut möglich ist und wo er sehr schwer bis unmöglich fällt. Diese Grenzen sind sehr individuell und müssen von jedem Menschen für sich selbst gezogen werden. Dabei ist Flexibilität erlaubt: Es geht darum, eine langfristige Umstellung zu schaffen – ein mit Mühe und Not überstandener Husarenritt ist nicht hilfreich.

Um herauszufinden, wie diese langfristige Umstellung gelingt, empfehlen wir den befristeten Feldversuch. 60 Tage ohne Plastik ist ein erster Schritt zu einem neuen, plastikfreien Leben.

Die Challenge: 60 Tage Plastik reduzieren

Sie müssen nicht gleich in 80 Tagen um die Welt reisen – aber 60 Tage ohne Plastik ist eine Herausforderung, der sich jeder stellen kann. Dabei zählt vor allem das psychologische Moment: Es geht erst einmal nicht um eine vollständige Lebensumstellung, hinter die es kein Zurück mehr gibt. Es ist vielmehr alles ein Spiel – ein Spiel, das Sie natürlich gewinnen möchten!

Damit diese Herausforderung gelingt, braucht es einen Plan. Wer einfach in den Tag hinein lebt und auf gut Glück versucht, Plastik zu vermeiden, wird zwangsläufig scheitern. Es braucht eine Strategie, bei deren Erarbeitung das bisher in diesem E-Book Angeführte von großem Nutzen sein kann. Es braucht aber auch eine schriftliche Fixierung des bisher Erreichten zum weiteren Ansporn.

Ein solches Plastik-Tagebuch führt man am besten in zwei Schritten. In einer vorbereitenden Phase wird zunächst einmal protokolliert, wo im Alltag überall Plastik zum Einsatz kommt. Bei den meisten Menschen werden diese Eintragungen einen erschreckenden Umfang besitzen – denn, wir erinnern uns, Plastik ist heute wirklich überall.

Diese Dokumentation stellt die Grundlage dar, auf der wir unseren Plan zum Plastikverzicht ausarbeiten. Bei dem Plastik-Tagebuch geht es nicht darum, perlende Prosa zu verfassen – es genügt im Prinzip eine einfache Tabelle, in die wir die entscheidenden Angaben zuverlässig eintragen. Sorgfalt und Konsequenz sind dabei wichtig, um Ungenauigkeiten zu vermeiden.

Zu den unverzichtbaren Angaben gehören die Benennung des jeweiligen Produkts – zum Beispiel eingeschweißter Käse, Cornflakes in der Plastiktüte oder anderes –, Herkunft und potenzielle schädliche

Auswirkung auf die Umwelt sowie Möglichkeiten der Vermeidung. Wenn diese Tabelle über ausreichend Einträge verfügt, dann ist es an der Zeit, die Herausforderung anzunehmen: 60 Tage plastikfrei leben.

An den Eintragungen entlang können Sie jetzt dieses ambitionierte Vorhaben in die Tat umsetzen. Wie ausführlich Sie Ihren Versuch dokumentieren, liegt bei Ihnen: Vom einfachen Häkchen als Checkpunkt bis zu umfassenden Anmerkungen und Erfahrungsberichten ist alles möglich. Wichtig ist vor allem, dass Sie unerwartete Schwierigkeiten oder Besonderheiten festhalten! So manche in der Theorie gut überlegte Lösung zum Plastikverzicht wirft in der Praxis einzelne Punkte auf, die berücksichtigt werden müssen. Persönliche Erfahrungswerte machen vieles leichter, auch den Plastikverzicht.

Wichtig ist dabei, dass Sie eine Strategie mit Perspektive entwickeln. Wenn Sie sich mit Ach und Krach gerade so zum Ziel hangeln und im Anschluss froh sind, endlich wieder so richtig auf die Plastikpauke hauen zu dürfen, dann gibt es Nachbesserungsbedarf. In diesem Fall müssen Sie überlegen, wie Sie den Verzicht für Sie komfortabler gestalten können – bis Sie ein Level erreichen, dass Sie nicht mehr als entbehrungsreiche Diät empfinden, sondern als normalen Alltag.

Nur wenn Sie selbst einen plastikfreien Lebensstil entwickeln, der Sie ausfüllt und zufrieden macht, können Sie später andere Menschen davon überzeugen, ebenfalls das Plastik in ihrem Alltag zu reduzieren. Wenn Sie im Gegenteil aber nur mit Mühe und Not um Plastikkäufe herumkommen und dabei kräftig mit den Zähnen knirschen, weil sie ständig irgendeine liebgewonnene Sache entbehren, dann wird das Ihr Umfeld auch bemerken und von einer Beteiligung eher absehen.

Genau dazu dient die zunächst auf 60 Tage begrenzte Challenge: Ein praktikables und richtiges Maß für den dringend gebotenen Plastikverzicht zu finden. Gewinnen Sie selbst Sicherheit im plastikfreien Alltag, damit Sie anderen diese Sicherheit vermitteln können.

Anderen Menschen die Augen öffnen

Ein Mensch allein kann die Welt nicht retten. Aber ein Mensch allein kann viele Menschen erreichen und zum Mitmachen bewegen. Nichts ist so einleuchtend und einflussreich wie ein gutes Beispiel: Was Ihre Mitmenschen an Ihnen beobachten können, kann als gutes Beispiel dienen und einen Denkanstoß geben.

Aber immer daran denken: Niemand mag Besserwisser, und auch fanatische Missionare stehen hierzulande nicht mehr so hoch im Kurs. Durch Druck und Zwang wird niemand bekehrt. Das Stichwort lautet auch hier: Begeistern, nicht bekehren! Plastikfrei leben muss als Chance und Verbesserung verstanden werden, nicht als freudlose Selbstkasteiung.

Es lohnt sich, nicht nur in finsteren Farben die drohende Plastikhölle auszumalen, in die unsere Zivilisation in naher Zukunft stürzen könnte. Plastikverzicht kann auch eine Steigerung der Lebensqualität mit sich bringen: Mehr Gesundheit durch bewusste Ernährung, weniger Arbeit mit Müll, auch finanzielle Einsparungen durch eine ausgewogene Lebensweise sind möglich.

Es gibt übrigens auch ganz ökonomische Gründe, die für eine Reduktion des Plastikverbrauchs sprechen: Plastik basiert fast immer auf Erdöl. Ohne Erdöl lässt sich kaum ein Kunststoff anrühren. Erdöl ist aber ein endlicher Rohstoff, alle Wissenschaftler sind sich einig, dass die Vorräte der Erde an Erdöl eines Tages aufgebraucht sein werden. Dann sieht es auch für das Plastik schlecht aus.

Da ist es sicher keine schlechte Idee, schon rechtzeitig vorzusorgen und eine Abhängigkeit zu verhindern. Es gibt viele Fakten, die bei nüchterner Betrachtung auch tiefverwurzelte Skeptiker davon überzeugen, dass das Plastik in der Welt wenn schon nicht ganz ausgemerzt, so doch wenigstens stark reduziert werden sollte.

Wichtig ist, dass diese Fakten unaufgeregt und ergebnissoffen präsentiert werden. Auch wenn andere Menschen den Kurs zur Plastikreduktion weniger konsequent einschlagen als Sie selbst, ist das kein Grund zur Ermutigung. Auch Abwehrreaktionen und Desinteresse sollten niemanden entmutigen – irgendetwas bleibt immer hängen, und steter Tropfen höhlt den Stein.

Wer sich heute noch nicht vorstellen kann, seinen Lebensstil zu ändern, kann das morgen schon ganz anders sehen. Deshalb: Lassen Sie es sich gutgehen, zeigen Sie, dass es sich auch plastikfrei gut und gerne leben lässt. Stellen Sie für sich selbst und für andere die Vorzüge eines plastikfreien Lebens in den Vordergrund. Wecken Sie Neugier und Begeisterung, nicht Skepsis und Vorurteil!

Eines sollte in jedem Gespräch klarwerden: Es geht nicht darum, dass ein Mensch einen anderen von seiner Sache überzeugt. Es geht um etwas viel Besseres und Größeres: Es geht darum, dass alle Menschen – oder wenigstens möglichst viele – erkennen, was für sie und ihre Umwelt das Beste ist.

Schlusswort

Plastik ist überall und hat auch in diesem E-Book eine große Rolle gespielt. Dabei geht es ja eigentlich gerade um das Gegenteil: darum, möglichst plastikfrei zu leben. Ob wir dieses Ziel jemals in vollem Umfang erreichen können, muss angesichts der vielfältigen Verzahnung unserer modernen Zivilisation mit dem Plastik offenbleiben. Aber ist das ein Grund zur Resignation?

Ganz bestimmt nicht! Denn eines steht fest: Jeder Schritt hilft, und sei er noch so klein. Hier können wir uns an den berühmten Worten von Neil Armstrong, dem ersten Mann auf dem Mond, orientieren: Ein kleiner Schritt für einen Menschen kann ein großer Schritt für die Menschheit sein. Jeder Schritt hin zu einer plastikärmeren Welt ist auch ein Schritt hin zu einer plastikfreien Welt.

Wer sinnvoll auf Plastik verzichten und hektischen Aktionismus vermeiden möchte, muss wissen, wie Plastik funktioniert – und wo und wie man diese Funktionen durch brauchbare Alternativen ersetzen kann. Jedes Mikrogramm Plastik, das vermieden werden kann, ist ein Gewinn für die ganze Welt – und kein Erfolg zu klein, als dass er nicht angestrebt werden sollte!

Mit dem Kauf dieses E-Books haben Sie bereits auf mehreren Ebenen einen wichtigen Beitrag geleistet: Sie haben Interesse gezeigt an einem lebenswichtigen Thema! Sie haben sich sachlich informiert! Und Sie sind gerüstet, um im Alltag eine Veränderung zu bewirken und ein Zeichen zu setzen. Dafür danken wir Ihnen – und ermutigen Sie, andere Menschen auch miteinzubeziehen!

Bringen Sie das Thema Plastik auf den Punkt, halten Sie mit Ihren Überzeugungen nicht hinter dem Berg und empfehlen oder verschenken Sie dieses Buch gerne weiter. Denn nur informierte Verbraucher sind mündige Verbraucher und können hinter die glänzenden Werbefassaden der Industrie blicken – auf das, was der Erde und der Menschheit wirklich dient.

Plastik ist es nicht. Deshalb wünschen wir Ihnen und uns allen: Leben Sie gut, leben Sie plastikfrei!

Rechtliche Impressum

Robert Waldner wird vertreten durch:

Finn Dubbels
Nagelsweg 22a
20097 Hamburg

Coverbilder
[best_works] | [dipositphotos.com]
bearbeitet von oliviaprodesign (Fiverr)

Haftung für externe Links
Das Buch enthält Links zu externen Webseiten Dritter, auf deren Inhalt der Autor keinen Einfluss hat. Deshalb kann für die Inhalte externer Inhalte keine Gewähr übernommen werden. Für die Inhalte der verlinkten Webseiten ist der jeweilige Anbieter oder Betreiber der Webseite verantwortlich. Die verlinkten Seiten wurden zum Zeitpunkt der Verlinkung auf mögliche Rechtsverstöße überprüft. Rechtswidrige Inhalte waren zum Zeitpunkt der Verlinkung nicht erkennbar. Eine permanente inhaltliche

Kontrolle der verlinkten Webseiten ist jedoch ohne konkrete Anhaltspunkte einer Rechtsverletzung nicht zumutbar. Bei Bekanntwerden von Rechtsverletzungen werden derartige Links umgehend entfernt.

Printed in Poland
by Amazon Fulfillment
Poland Sp. z o.o., Wrocław

90125535R00063